超 Match！ 防水布與帆布
の創意組合包

目錄 CONTENTS

Part 1 　都會時尚款

Part 2 　異國風情款

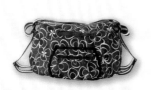

Part 3 魅力布雜貨

Part 4 口袋車縫技法

第一本的多功能包讓讀者們學會了萬用的機縫技法，再經由反覆練習，抓到訣竅後，只需一日就能完成實用的包款，因而廣受學生和讀者們的愛戴，我也開始想思考出更好更創新的主題分享給大家，於是誕生了第二本書。

發現大部分包款除了好看實用外，應該還有其它手作者們會非常需求的功能。才想到可以運用布料的特性和優勢創作出富含更多優點的作品，幾經思量和尋求意見後決定用防水布和帆布的組合去創作包款和雜貨小物。

防水布除了防雨水的基本功效外，也有不易髒、好清理的特性，搭配耐用、承重量比棉麻布好的素色帆布，兩種材質相輔相成的優點讓作品更能呈現出質感，還可以不須燙布襯就能達到一定的挺度，省掉不少時間和工程。

我在設計包款時，試圖畫出更多紙型外觀不同的延伸款式，希望讀者即使忙碌到只學會一款作法，也能變化出另一款樣貌，所以把更多紙型收錄在書中，讓讀者能選擇喜好製作適合自己的包包。

感謝學生們和家人的支持，我將會繼續努力創作，盡力以學生和讀者們的需求為考量，分享更多作品和技法給大家，希望購買此書的人，無論是舊朋友或新同學，都能盡情享受手作帶來的成就感和樂趣，創作出讓自己心滿意足的包款。

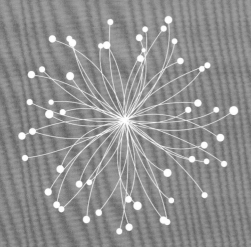

Part 1
都會時尚款

身處在大都會中生存，
必須優雅自信地邁開步伐前行，
攜帶著屬於自己的包包，
勇敢走出自己想走的那一條路。

＊是否擁有小時候尋找幸運草的記憶？

呼朋引伴的在大片酢醬草田裡專注翻找，單純而美好的回憶。

長大後才慢慢懂了，不用再去費心找尋，用心體會就會發現，

早已有許多幸運分子圍繞在身邊。

幸運花草兩用包

■ 完成尺寸／寬33cm×高24cm×底寬18cm
■ 難易度／＊＊＊＊＊

【側身開拉鍊造型設計】

❀ Materials 紙型 **D** 面

裁布：

防水布

表袋身	紙型	2片
拉鍊口布	27×4cm	4片

素帆布

表袋身（裡）	紙型	2片
側邊	紙型	2片
袋蓋	紙型	2片
立式口袋布	40×20cm	2片

其他配件：

17mm雞眼釦2組、斜背帶1組、提把1組、20cm拉鍊2條、30cm拉鍊1條、拉鍊皮片1片、磁釦皮片1片、滾邊條約長1.5碼。

※以上紙型、數字尺寸皆已含縫份。

❀ How To Make

1　取2片袋蓋車縫U字型並在弧度處剪牙口，翻回正面後壓0.5cm裝飾線。

2　將立式口袋布畫出開口，並對齊袋身紙型位置，沿邊車縫一圈固定。

3　依紙型標示剪開，口袋布翻至袋身背面，推出下方口袋布至上方0.1cm處，壓線一圈。

4　背面示意圖。

5　口袋布向上對折後ㄇ字型車縫固定，注意不要車到袋身。

6　將袋蓋置入口袋上方開口處，上翻並壓線固定。袋身底部車縫打角，摺份倒向外固定。

7 袋蓋縫上磁釦皮片公釦，並在前袋身相對位置縫上磁釦皮片母釦。

8 後袋身的立式口袋和袋底打摺同前袋身作法車縫。

表→拉鍊→側邊→裡

9 裡袋身底部打摺倒向中心。表裡袋身夾車拉鍊與側邊，依圖示順序一起車縫。

10 翻回正面後縫份倒向裡袋身並壓線固定。

11 同作法夾車拉鍊另一邊。
※裡袋身依自己需求車縫口袋

12 袋身另一側邊同步驟9～11夾車拉鍊。

13 表、裡袋身底部分別對齊車縫固定。

14 取30cm拉鍊，車縫上拉鍊口布。

15 袋身翻回正面，拉鍊口布與袋身袋口處中心相對疏縫，再與袋口一同滾邊固定。

16 左右側邊依紙型雞眼釦位置釘上雞眼釦。

17 手縫上提把即完成。

完成

黑底配上蝴蝶結重覆堆疊，再隨機填上色彩的設計，感覺率性中帶有甜美個性。仔細一瞧會發現藏匿在蝴蝶結堆裡的可愛主角，睜著圓圓大眼與你對望。

甜美率性肩背包

完成尺寸／寬38cm×高36cm×底寬8cm
難易度／＊＊＊＊

【兩側鬆緊口袋】

❀ Materials 紙型 Ⓐ 面

裁布：

防水布

表袋身	紙型	2片
↑舖棉、洋裁襯一起壓線後裁剪		
側口袋	35×20cm	2片

素帆布

上貼邊（表）	紙型	2片
↑特殊襯壓線	紙型	2片
上貼邊（裡）	紙型	2片
側邊（表）	105×10cm	1片
↑特殊襯壓線	105×8cm	1片
側邊（裡）	100×9.5cm	1片
拉鍊口布	29×4cm	4片

棉麻布

裡袋身	紙型	2片
前口袋布	17×30cm	1片

其他配件：

12cm拉鍊1條、30cm拉鍊1條、2cm鬆緊帶長26cm、100cm皮繩2條、3cm斜布條長210cm、5cm斜布條長90cm、提把1組。

※以上紙型、數字尺寸皆已含縫份。

❀ How To Make

1　表袋身下放置舖棉和洋裁襯一起壓線固定，中心先壓一道，再間隔各3cm壓線。

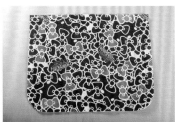

2　壓完線後依袋身紙型裁剪成形。

3　表上貼邊和側邊分別與特殊襯間隔2cm壓線備用。

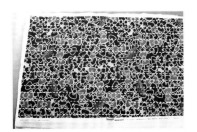

4　表袋身依紙型位置打摺固定。

5　表上貼邊與袋身接合，縫份倒上壓0.5cm裝飾線。

6　取3cm斜布條包覆皮繩車成出芽，並沿著袋身車縫固定。
※詳解出芽車縫參閱P.85

7 表袋身依紙型開拉鍊位置製作
12cm的拉鍊口袋。

8 側口袋布正面相對對折車縫一
道固定。

9 翻回正面後壓0.5cm裝飾線，
袋口下2cm和4cm處分別畫出
記號線。

10 將鬆緊帶穿入，先車縫一邊
後再拉至另一邊固定，並依
記號線車縫。

11 側口袋車縫在表側邊袋口下
33cm處，口袋下方再平均打
摺固定。

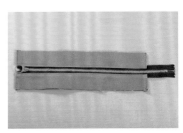

12 完成拉鍊口布的製作。

13 表袋身與側身中心、兩側對
齊接縫成包形，翻回正面。

14 裡袋身依個人需求車縫口
袋，再接合上貼邊和側身，
縫份倒向袋身壓線0.5cm。

15 表、裡袋身反面相對套合，
袋口處與拉鍊口布中心對齊
車縫一圈固定。

16 取5cm斜布條在袋口處滾邊車
縫一圈。
※詳解袋口滾邊參閱P.87

17 固定提把後即完成。

完成

桃紅甜心蝴蝶結包

▌完成尺寸／寬34cm×高30cm×底寬9.5cm
▌難易度／✱✱✱✱

✱ 桃紅與黑的配色，營造出如同出席重要場合般的隆重與時尚，
經典的卡通圖案增添可愛感，裝飾上蝴蝶結，多了些許甜美風格，
兩者衝突的美感使包款更具個性。

夢境森林圓角包

▌完成尺寸／寬32cm×高20cm×底寬9.5cm
▌難易度／✳✳✳✳

✳ 貓頭鷹與刺蝟和森林的朋友們在如夢似幻的天地裡玩耍，
看著和樂融融的場景彷彿也被感染了愉悅氛圍。
可愛活潑的動物能療癒心靈，讓你時時都保持好心情。

【袋蓋內有開放式口袋】

❀ 桃紅甜心蝴蝶結包 Materials 紙型 A 面

裁布：

防水布
前表袋身	紙型	1片（厚襯）
後表袋身	紙型	1片（厚襯）
蝴蝶結	紙型	4片
拉鍊口布	22×4cm	4片

素帆布
前口袋（完整）	紙型	1片
袋蓋	紙型	2片
側邊	紙型	1片
↑特殊襯壓線	紙型	1片
立式口袋布	23×40cm	1片

印花11號帆布
後表袋身（裡）	紙型	2片
前口袋（裡）	紙型	1片
側邊（裡）	紙型	1片

其他配件：
25cm拉鍊1條、3cm滾邊條2碼、皮繩2碼、3.5cm包釦1個、兩側皮片2個、拉鍊皮片1個、4cm滾邊布2碼。

※以上紙型、數字尺寸皆已含縫份。

❀ 夢境森林圓角包 Materials 紙型 A 面

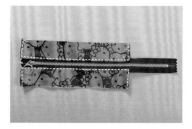

裁布：

防水布
前口袋（完整）	紙型	1片（厚襯）
前袋蓋	紙型	2片（厚襯）
拉鍊口布	22×4cm	4片

素帆布
前表袋身	紙型	1片
後表袋身	紙型	1片
口袋布	20×35cm	1片
側邊	紙型	1片
↑特殊襯壓線	紙型	1片

棉麻布
後表袋身（裡）	紙型	2片
前口袋（裡）	紙型	1片
側邊（裡）	紙型	1片

其他配件：
15cm、25cm拉鍊各1條、3cm滾邊條3碼、皮繩5尺、皮釦1個、提把1組、4cm滾邊布2碼、兩側皮片2個。

※以上紙型、數字尺寸皆已含縫份。

❀ How To Make

1 特殊襯與側邊依紙型間距2cm壓線固定。

2 前表袋身底部依紙型方向打摺固定。

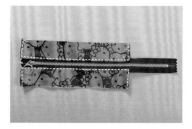

3 取2片拉鍊口布夾車拉鍊，翻回正面後ㄇ字型壓線，同作法完成拉鍊另一邊。

4　後表袋身底部打摺，開立式口袋。※詳細作法參閱P.86

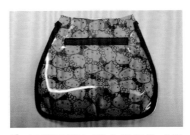

5　再將滾邊包覆皮繩製作成出芽，依紙型止點位置車縫固定在後袋身上。

6　前表袋身與前口袋裡布正面相對，車縫袋口U字型部份，弧度處剪牙口。

7　翻回正面壓裝飾線。再置放在（完整）前口袋上方，與前口袋裡布疏縫固定。

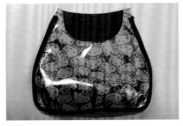

8　將滾邊包覆皮繩製作成出芽，依紙型止點位置車縫固定在前袋身上。

9　表袋身與側邊中心、兩側對齊車縫固定成包形。

10　後表袋身裡布依個人需求製作內口袋，底部打摺固定。

11　取2片袋蓋背面相對疏縫，再滾邊U字型固定。

12　將袋蓋對齊袋身袋口處車縫固定。

完成

13　表、裡袋身背面相對套合，袋口處與拉鍊口布對齊一起疏縫，再滾邊車縫一圈。

14　取2片蝴蝶結車縫，翻回正面後填充棉花，內圓迴針繡固定，完成兩邊。再與包釦一起固定在袋蓋上。

15　袋口兩側釘上皮片，扣入提把後即完成。

※夢境森林圓角包作法同桃紅甜心蝴蝶結包。

香水、項鍊、高跟鞋，
都會女子不可或缺的裝飾品。
粉色系搭配上時尚黑，
更添加獨立的個性魅力，
舉手投足間展現出美麗與自信。

粉色裝扮三層包

■ 完成尺寸／寬31cm×高23cm×底寬15cm
■ 難易度／✽✽✽

【袋身前後各有一層口袋】

⊗ Materials 紙型 B 面

裁布：

防水布

外袋身F（完整）	紙型	1片
上貼邊D	紙型	2片
拉耳	3.3×5cm	2片
織帶裝飾布	3.3×40cm	2條

素帆布

內袋身A	紙型	2片
兩側B	紙型	2片

棉麻布

內袋身C（裡）	紙型	1片
↑特殊襯壓線	30×14cm	1片
外袋身E（裡）	紙型	1片

其他配件：

40cm拉鍊1條、蝴蝶結磁釦2組、D型環2個、3cm織帶長80cm、4cm滾邊布2碼。

※以上紙型、數字尺寸皆已含縫份。

⊗ How To Make

1 織帶裝飾布兩側各折入0.5cm，放置在40cm織帶上，左右各壓0.2cm裝飾線。

2 上貼邊D與外袋身E正面相對車縫固定。

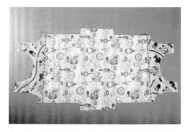

3 翻回正面後將縫份倒向外袋身E，壓0.5cm裝飾線。

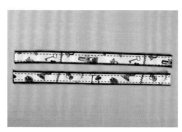

4 將完成的織帶固定在外袋身F上方提把中心位置。

5 外袋身E與F正面相對，依圖示畫線地方車縫，提把轉角處的縫份修剪掉。

6 翻回正面壓上0.5cm裝飾線。

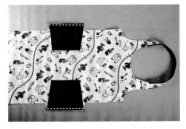

7 取兩側B固定在外袋身F突出的側邊。

8 翻回正面，縫份倒外袋身F，壓0.5cm裝飾線。

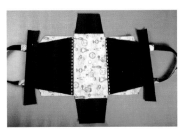

9 內袋身A放置在外袋身E裡布，並依紙型的車縫處壓線固定。

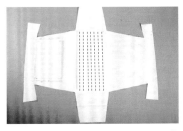

10 取內袋身C裡布，依個人需求製作內口袋，再將特殊襯依圖示擺放置中，每間隔2cm壓線固定。

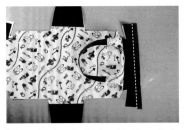

11 內袋身A與裡布C的袋口處夾車拉鍊，翻回正面後距離拉鍊0.5cm壓裝飾線。

12 同作法完成另一邊拉鍊，形成圖示。

13 先將拉耳套入D型環固定在兩側B的中心，把內袋身翻到背面，兩側與外袋身對齊，疏縫後再包車滾邊固定。

14 四邊角拉合對齊，一樣疏縫後再包車滾邊固定。

完成

15 外袋身依紙型位置釘上磁釦即完成。

圓圈外觀的瓢蟲們相聚在一顆香甜的大果實上。分別裝飾著圓點和格子的外衣，排列成普普藝術的風格，如同參與一場時尚派對，各自展示著獨特風采。

瓢蟲聚會果實包組

■ 完成尺寸／（大）寬30cm×高24cm×底寬10.5cm
　　　　　　（小）寬16cm×高13cm×底寬5cm
■ 難易度／＊＊＊＊

【小尺寸的可愛提包】

❀ Materials 紙型 Ⓑ 面

裁布（大款）：

防水布

袋身（表）	紙型	2片
前蓋	紙型	2片

素帆布

袋身（裡）	紙型	2片
立式口袋	20×35cm	2片
拉鍊口袋布	20×35cm	1片
側邊	紙型	2片
↑表壓特殊襯	25×10cm	1片

其他配件：

45cm、15cm拉鍊各1條、皮片磁釦1組、皮繩約160cm、3cm滾邊條2碼、皮片2個、斜背帶1組。

裁布（小款）：

防水布

袋身（表）	紙型	2片
側邊	紙型	1片
織帶裝飾	3×35cm	1條

素帆布

袋身（裡）	紙型	2片
側邊	紙型	1片

其他配件：

20cm拉鍊1條、拉鍊尾片1個、吊帶夾2組、2cm織帶長35cm、3cm滾邊條1碼、出芽約80cm。

※以上紙型、數字尺寸皆已含縫份。

❀ How To Make

1　兩片袋蓋正面相對車縫U字型，弧度處剪牙口。翻回正面壓0.5cm裝飾線。

2　立式口袋依袋身紙型位置對齊，並車縫2×15cm的外框後再依圖示剪開。

3　將立式口袋布翻到袋身背面，下方口袋布往上推出，低於上方0.1cm即可。

4　將袋蓋置入口袋0.1cm的開口處約2cm，並在口袋四周車縫0.3cm裝飾線一圈。

5　前蓋翻開後再壓線一道固定。

6　翻到背面將口袋布對折，車縫ㄇ字型。

7 將特殊襯置中擺放在側邊，依紙型標示位置壓線固定。

8 取口袋布畫出框線並對齊側邊拉鍊開口位置，沿框邊車縫後依圖示剪開。

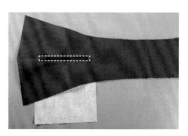

9 將口袋布翻到側邊背面，開口處置入拉鍊後沿外框線壓縫一圈。

10 裡袋身依個人喜好製作內袋。

11 後表袋身可依個人需求開拉鍊口袋或立式口袋。

12 滾邊條包覆皮繩製成出芽，一端縫份先內折收邊再車縫。

13 出芽沿袋身止點開始車縫U字型固定，尾端結束時縫份內折收邊。

14 側邊與前、後袋身對齊車合後翻回正面。

15 裡袋身與裡側邊車合，留一段返口。

16 表、裡袋身正面相對套合，袋口處與45cm拉鍊對齊並夾車固定，再由返口翻回正面。

17 壓線固定後再將拉鍊兩端釘上皮片並扣上斜背帶。

18 袋蓋和袋身在相對位置縫上皮片磁釦即完成。

※（小款）與（大款）做法相似。

咖啡杯保齡球包

■ 完成尺寸／（大）寬37cm×高28cm×底寬14cm
■ 難易度／❋ ❋ ❋

❋ 咖啡已成為上班族不可或缺的提振精神飲品，
連假日也想和三五好友悠哉的喝杯咖啡閒聊。
攜帶上用咖啡杯花樣設計的包款，
訴說對咖啡的講究與熱愛。

低調華麗手提包組

完成尺寸／（中）寬34cm×高25cm×底寬8cm
（小）寬18cm×高13cm×底寬7.5cm
難易度／ ✳✳✳

✳ 將單一的同色系色彩，用不同深淺描繪出精緻的裝飾花樣，
展現低調華麗的內斂性質。一大一小適合當親子包，
讓兩人的關係更緊密的貼合在一起。

【袋身前後有貼式口袋】

🎀 咖啡杯保齡球包 Materials 紙型 C 面

裁布（大）：

防水布

袋身	紙型	2片（壓棉）

↑防水布＋舖棉＋洋裁襯一起壓線

前口袋	紙型	2片（半硬襯）
拉鍊口布	紙型	2片（壓棉）

↑防水布＋舖棉＋洋裁襯一起壓線

袋底	72×17cm	1片（壓棉）

素帆布

袋身（裡）	紙型	2片
拉鍊口布（裡）	紙型	2片
袋底（裡）	72×17cm	1片

其他配件：

3cm滾邊條約3碼、皮繩約3碼、50cm拉鍊1條、3cm皮飾織帶
長8尺、2cmD型環2個、2cm織帶長12cm、4cm滾邊條3碼。

🎀 低調華麗手提包組 Materials 紙型 C 面

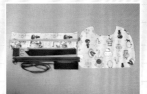

裁布（中）：

防水布

袋身A	紙型	2片（硬襯）
拉鍊口布	紙型	2片（硬襯）

素帆布

袋身B（表）	紙型	2片
袋底（表）	68×10cm	1片
↑特殊襯壓線	66.5×8.5cm	1片

棉麻布

袋身A（裡）	紙型	2片
拉鍊口布（裡）	紙型	2片
袋身B（裡）	紙型	2片
袋底（裡）	68×10cm	1片

其他配件：

40cm拉鍊1條、2cm人字帶長12cm、2cmD型環2
個、提把1組、3cm滾邊條約6碼、皮繩8尺、4cm
滾邊條7碼。

裁布（小）：

防水布

袋身A	紙型	2片
拉鍊口布	紙型	2片

素帆布

袋身B	紙型	2片
袋底（表）	紙型	1片
↑特殊襯壓線	扣除縫份	1片

棉麻布

袋身A（裡）	紙型	2片
拉鍊口布（裡）	紙型	2片
袋身B（裡）	紙型	2片
袋底（裡）	紙型	1片

其他配件：25cm拉鍊1條、1cmD型環2個、提
把1組、3cm滾邊條約4碼、棉繩2碼。

※以上紙型、數字尺寸皆已含縫份。

咖啡杯保齡球包 How To Make

1 前口袋對折，在折雙處壓線並
疏縫在袋身上。將8尺皮飾織
帶對剪，依紙型車縫固定在袋
身上，上方留5cm不車。

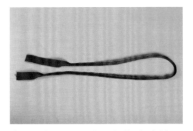

2 滾邊條先將皮繩包起來車縫，
頭尾端預留15cm不車。

3 將車好出芽的滾邊條沿邊固
定在袋身上。

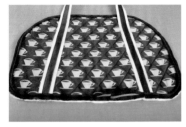

4 滾邊的交接處依圖示先車縫，
皮繩不要重疊。

5 再將滾邊未車合部份車縫固
定。同作法完成袋身後片。

6 拉鍊口布壓棉固定後與裡口布
夾車拉鍊，再翻回正面壓線。

7 取織帶套入D型環固定在拉鍊
兩端。表、裡袋底夾車拉鍊
口布，縫份倒袋底壓裝飾線
0.5cm。

8 裡袋身依個人需求製作口袋，
再與表袋身背面相對疏縫。袋
身與口布袋底對齊後車縫一圈
固定，完成兩邊。

9 縫份處車縫滾邊一圈後倒向表
袋身貼住縫合。

完成

10 翻回正面，將預留5cm未車
縫的織帶補車即完成。

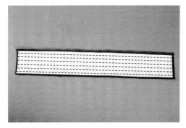

1 表袋底與特殊襯壓線固定。

2 表、裡袋身A背面相對，袋口弧度處疏縫固定後滾邊處理，完成前後袋身。

3 表、裡袋身B背面相對，再將袋身A置放在表袋身B上一起疏縫固定。

4 將前、後袋身都疏縫固定後再車縫出芽滾邊一圈。

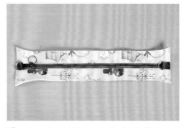

5 表、裡拉鍊口布夾車拉鍊，再翻回正面壓線，取織帶套入D型環固定在拉鍊兩端。

6 表、裡袋底夾車拉鍊口布，形成圈狀，縫份倒袋底壓線0.5cm固定。

7 袋身與口布袋底對齊後車縫固定，縫份處再車縫滾邊一圈，滾邊倒向表袋身貼住縫合，完成兩邊。

8 翻回正面，手縫上提把後即完成。

完成

※手提包（小）與（中）作法相同。

Part 2
異國風情款

曾在各個國度旅遊的途中擁有更遼闊的視野，
你無法忘懷每個景緻帶來的讚嘆與感動，
想藉由包包延續身處在異國時的美好心情。

藍白交織的配色，彷彿來到了浪漫的希臘，愛琴海的建築和碧海上一波波襲來的浪花，和諧地映入眼簾。單純的雙色卻創造出美好的景緻，令人沉溺於此不捨離去。

愛琴海多功能包

完成尺寸／寬33cm×高27cm×底寬10cm
難易度／✽✽✽✽

【前袋身有立式口袋和立體拉鍊口袋】

【將兩側織帶拉起，形成後背式】

✿ Materials 紙型 **C** 面

裁布：

其他配件：

防水布		
表袋身	紙型	2片
前口袋（表）	紙型	1片
拉鍊擋片（表）	2.8×4cm	2片
素帆布		
側邊	紙型	2片
袋底	33×12cm	1片
↑特殊襯壓線	33×10cm	1片
立式口袋布	20×40cm	1片
印花帆布		
前口袋（裡）	紙型	1片
拉鍊擋片（裡）	2.8×4cm	2片
裡袋身	紙型	2片
拉鍊口袋布	23×40cm	1片

3.8cm織帶8尺、4cm日型環2個、18mm拉鍊2條、15cm、40cm拉鍊各1條、兩側皮片1組、內徑3.5cm活動環4個、4cm滾邊條1碼。

※以上紙型、數字尺寸皆已含縫份。

✿ How To Make

1 將15cm拉鍊頭尾端夾車拉鍊擋布，翻回正面後壓線固定。

2 前口袋依紙型位置在底部打摺固定。

3 前口袋上下方的表、裡布夾車拉鍊，翻回正面後在接縫處壓臨邊線固定。

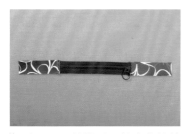

4 四周圍縫份處滾邊處理一圈。

5 依紙型位置將前口袋車縫在前袋身上。

6 前袋身依紙型位置開立式口袋。※詳解請參閱P.86

7 車縫前袋身底部的打摺處，摺子倒中心固定。

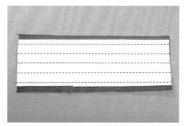

8 特殊襯與袋底帆布一起壓線，每間隔2cm一道。

9 將10cm織帶各2條分別對折，疏縫在袋底兩側中心。

10 側邊與袋底兩側車縫，縫份倒向袋底並壓線固定。

11 後袋身依紙型位置車縫拉鍊口袋。再車縫底部打摺，摺子倒向與前袋身相反。

12 將表、裡前袋身正面相對，車縫兩側斜邊。

 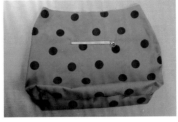 

13 再將側邊袋底對齊袋身底部的中心和兩側，車縫固定後翻回正面。

14 裡袋身依個人需求車縫口袋。前、後裡袋身正面相對車縫兩側，袋底留一段返口並打底角。

15 表、裡袋身正面相對套合，袋口處夾車40cm拉鍊，從中心車縫至拉鍊止點後，拉鍊下拉不要車到，再繼續車布至斜邊線，完成拉鍊兩邊與袋口處的車縫。

16 從返口處翻回正面，在拉鍊兩側壓上裝飾線固定。

17 將2條各110cm的長織帶分別穿入日型環，依圖示車縫完成。

18 袋身的拉鍊兩側釘上皮片並套入活動環。※織帶穿入的上方示意圖。

 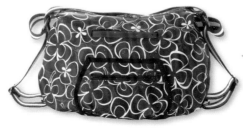

完成

19 袋底處的織環內也套入活動環連接。※織帶穿入的下方示意圖。

法國是香水的搖籃，各式外觀精美的瓶身，
讓人還未聞到香味就已深深著迷，
選擇喜愛且適合自己的香味，
如同選包款一般，在不同場合都能為自己
打造出最完美的姿態與自信。

巴黎香水肩背包

■ 完成尺寸／寬33cm×高27cm×底寬12cm
■ 難易度／✱✱✱✱

【側飾耳內開拉鍊口袋】

Materials 紙型 C 面

裁布：

防水布

表袋身	紙型	2片（硬襯）
拉鍊口布	27×4cm	4片
側邊	紙型	2片（厚襯）
貼邊布（裡）	紙型	2片

素帆布

側身裝飾耳	紙型	4片
外口袋布	40×23cm	1片

棉麻布

裡袋身	紙型	2片
側口袋布	17×30cm	1片

其他配件：

12cm拉鍊1條、18cm拉鍊1條、30cm拉鍊1條、拉鍊皮片1個、提把1組。

※以上紙型、數字尺寸皆已含縫份。

How To Make

1 取側口袋布畫出開口，與側邊拉鍊位置對齊，沿框線車縫一圈，再將框內中間剪開。

2 口袋布從開口翻至側邊背面，拉鍊置入後壓線一圈固定。

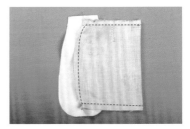

3 將背面的口袋布對折，三邊車縫固定。

4 取外口袋布畫出開口，與後袋身口袋位置對齊，沿框線車縫，再將框內標線剪開。

5 外口袋布從開口翻至袋身背面，口袋布上推留0.1cm縫隙，再沿框線車縫一圈。

6 前、後袋身依紙型位置打摺疏縫固定。

7　前、後袋身底部相接，縫份攤
　開，在正面接縫線左右各壓
　0.5cm裝飾線固定。

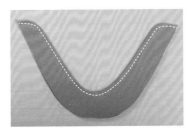

8　取2片側邊裝飾耳正面相對，
　依圖示車縫內弧度，剪牙口後
　翻回正面壓0.5cm固定。

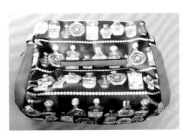

9　將裝飾耳先對齊疏縫在側邊，
　側邊再與袋身兩側的止點處接
　合，形成圖示。

10　完成拉鍊口布的製作。

11　裡袋身依個人需求製作內口
　袋。裡貼邊和裡袋身中心對齊
　夾車拉鍊口布，縫份倒向下壓
　0.5cm裝飾線固定。

12　另一邊拉鍊口布同作法完成
　車縫。

13　前、後裡袋身正面相對，車
　縫兩側及袋底後再打底角，
　袋底需留一段返口。

14　表、裡袋身正面相對套合，
　袋口處的開口對齊後車縫一
　圈固定。

15　從裡袋身返口處翻回正面，
　整理袋型後袋口處壓0.5cm裝
　飾線一圈。

16　開口拉鍊的尾端縫上拉鍊皮
　片。

完成

17　釘上提把後即完成。

不同粗細和色彩的線條交織成經典格紋，咖啡色和綠色的搭配，猶如大自然般協調舒適，頗有英式學院風格。想像自己是剛下課的學生，隨興提著包包，悠閒的走在倫敦街頭。

英式格紋多層包

■ 完成尺寸／寬31cm×高22cm×底寬12cm
■ 難易度／❋ ❋ ❋

【前後袋身皆有磁釦口袋】

✿ Materials 紙型 D 面

裁布：

防水布

外口袋（表）	紙型	2片
側身	紙型	2片（厚襯）

素帆布

袋身（表）	紙型	2片
內貼邊（表）	紙型	2片
袋底（表）	33×14cm	1片
↑特殊襯壓線	31.5×12.5cm	1片
拉鍊口布	29×4cm	2片

棉麻布

外口袋（裡）	紙型	2片
裡袋身	紙型	2片
拉鍊口布（裡）	29×4cm	2片

其他配件：

30cm拉鍊1條、皮標1個、磁釦2組、皮繩4尺、3cm滾邊
條4尺、2cm滾邊條5尺、提把1組、4cm滾邊條2碼。

※以上紙型、數字尺寸皆已含縫份。

✿ How To Make

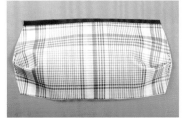

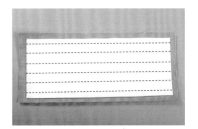

1　表、裡外口袋背面相對疏縫固
定，袋口處滾邊處理。

2　兩側依紙型標示位置打摺。

3　特殊襯與袋底帆布平均間隔
2cm壓線固定。

4　外口袋依紙型位置釘上磁釦公
釦，完成前後兩個。

5　將外口袋U字型疏縫固定在袋
身上，並在袋身相對位置釘上
磁釦母釦，完成前後兩片。

6　袋底長邊兩側與前、後袋身底
部接縫。

7 滾邊條包覆皮繩製成出芽,再依紙型出芽止點位置U字型車縫於側身。

8 將車好出芽的側身與袋身兩側對齊車合,組成包形。

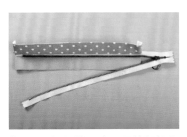

9 表、裡拉鍊口布頭尾端縫份內折後夾車拉鍊。

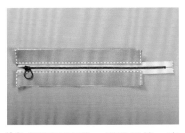

10 翻回正面後ㄇ字型壓線,完成拉鍊口布。

11 裡袋身依個人需求車縫內口袋,再與內貼邊夾車置中的拉鍊口布,縫份倒袋身壓線。

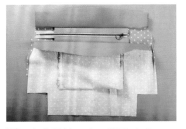

12 完成拉鍊口布兩邊的夾車。

13 前、後裡袋身正面相對接合兩側和底部,再車縫底角。

14 表、裡袋身背面相對套合,袋口處疏縫固定後,滾邊車縫一圈。

完成

15 釘上提把即完成。

蝶舞玫瑰雙拉鍊包組

完成尺寸／（腰包）寬16cm×高12cm×底寬5cm
（手拿包）寬18cm×高14cm×底寬8cm

難易度／✽✽✽

✽ 保加利亞國盛產幾千種的玫瑰，景緻美不勝收。
吸引各式美麗的蝴蝶聞香飛舞在花叢中，
花與蝶融合成令人如癡如醉的迷人風景。

雙拉鍊腰包 Materials [紙型 D 面]

裁布：

防水布

袋身上片（前）	紙型	1片
袋身下片（前）	紙型	1片
袋身（後）	紙型	1片
拉鍊擋布	5.5×2.8cm	2片
腰釦片	12×17cm	1片

素帆布

袋身上片（前）	紙型	1片
袋身下片（前）	紙型	1片
袋身（後）	紙型	3片
拉鍊擋布	5.5×2.8cm	2片

其他配件：

3cm寬織帶110cm、日型環1個、內徑3cm壓釦1組、20cm、15cm拉鍊各1條。

※以上紙型、數字尺寸皆已含縫份。

雙拉鍊手拿包 Materials [紙型 D 面]

裁布：

防水布

袋身上片（前）	紙型	1片
袋身下片（前）	紙型	1片
袋身（後）	紙型	1片
拉鍊擋布	5.5×2.8cm	2片
D型環耳	4×2cm	2片

素帆布

袋身上片（前）	紙型	1片
袋身下片（前）	紙型	1片
袋身（後）	紙型	3片
拉鍊擋布	5.5×2.8cm	2片

其他配件：

18cm拉鍊2條、1cmD型環2個、提把1組。

※以上紙型、數字尺寸皆已含縫份。

雙拉鍊腰包 How To Make

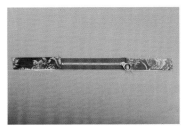   

1 取表、裡拉鍊擋布夾車15cm拉鍊頭尾端，翻回正面後壓線固定。

2 車縫表、裡袋身底部摺角處。

3 前表、裡袋身下片夾車拉鍊。

4 翻回正面後壓裝飾線,同作法夾車袋身上片(先不壓線)。

5 取1片完整的裡布,正面相對放置在背面後方,暫用強力夾固定。

6 前袋身上片再壓上裝飾線。

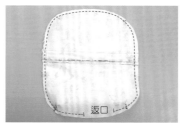

7 腰釦片對折,兩旁車縫一道並翻回正面。

8 壓上ㄩ字型裝飾線,兩側再車縫一道。

9 腰釦片與袋身後片中心對齊,上下車縫固定。

10 取20cm拉鍊與表、裡袋身後片夾車,拉鍊頭尾端內折,縫份倒防水布壓裝飾線(不車到裡布),同作法車縫袋身前片。

11 表、裡布分別對齊好後車縫一圈,裡布留一段返口。

12 將3cm織帶套入日型環與壓釦後車縫固定。

完成

13 袋身翻回正面後縫合返口,將腰織帶穿入腰釦片。

⊛ 雙拉鍊手拿包 How To Make

1　取表、裡拉鍊擋片夾車18cm拉鍊頭尾端，翻回正面後壓線固定。

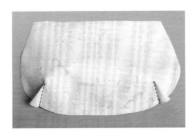

2　表、裡袋身底部摺角處車縫固定。

3　前表、裡袋身下片夾車拉鍊，翻回正面後壓裝飾線。

4　表袋身上片同作法夾車另一邊拉鍊。

5　取1片完整的裡布，依圖示放置在前片後方，暫用強力夾固定周圍。

6　前袋身上片壓上裝飾線，並依圖示兩側固定上D型環耳。

7　18cm拉鍊與表、裡袋身後片夾車，拉鍊頭尾端內折，縫份倒防水布壓裝飾線（不車到裡布），同作法車縫袋身前片。

8　表、裡布分別對齊好後車縫一圈，裡布留一段返口。

返口

9　將袋身翻回正面後縫合返口即完成。

完成

來一趟浪漫的法國之旅，仰看高聳的艾菲爾鐵塔，
欣賞開得豔麗的玫瑰，尋找合適自己的香水與高跟鞋，
讓繁忙的心靈得到抒發與沉澱，收拾好心情再重新出發。

法國玫瑰雙層包組

完成尺寸／（大）寬26cm×高21cm×底寬5cm
　　　　　（中）寬17cm×高15cm×底寬3.5cm
　　　　　（小）寬13.5cm×高10cm×底寬4cm

難易度／❀❀❀

【三個尺寸的雙層包排列】

❀ 法國玫瑰雙層包組 Materials　紙型 D 面

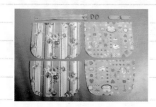

裁布：

肩背包（大）

防水布
袋身A	紙型	2片
袋身B	紙型	2片

素帆布
袋身A（裡）	紙型	2片
袋身B（裡）	紙型	2片

其他配件：
35cm拉鍊1條、側身皮片2
個、三角環2個、拉鍊皮片1
個、斜背帶1組。

手拿包（中）

防水布
袋身A	紙型	2片
袋身B	紙型	2片

素帆布
袋身A（裡）	紙型	2片
袋身B（裡）	紙型	2片

其他配件：20cm拉鍊1條、
1cmD型環2個、側身皮片2
個、拉鍊皮片1個。

化妝包（小）

防水布
袋身	紙型	4片

素帆布
袋身（裡）	紙型	4片

其他配件：
15cm拉鍊1條、拉鍊皮片1個。

※以上紙型尺寸皆已含縫份。

❀ 手拿包（中）How To Make

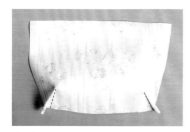

1　車縫表、裡袋身A底部打摺處。

2　表、裡袋身A夾車拉鍊。拉鍊
頭對到止點開始車縫，車至尾
端的止點時將拉鍊往下拉，不
車到拉鍊的繼續將布車完。

3　將縫份倒向防水布，正面壓線
一道固定。

4 相同作法完成另一邊拉鍊。

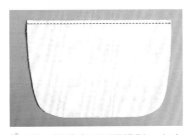

5 表、裡袋身B正面相對，上方車縫一道。

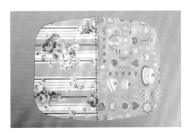

6 翻回正面，縫份倒向防水布壓裝飾線固定。

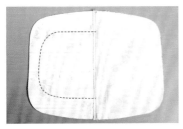

7 袋身B完成2片，正面相對依紙型U字型位置車縫固定。

8 袋身A與袋身B其中一片正面相對，表對表、裡對裡車縫一圈，裡布需留返口。

返口

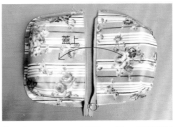

蓋上

9 翻回正面，將另一片正面相對蓋上，與圖示底下那片對齊車縫固定。

10 拉鍊尾端手縫上拉鍊皮片。

11 兩側皮片套入D型環釘在袋身兩側即完成。

完成

※肩背包（大）與化妝包（小）作法皆相同。

維多利亞郵差包

完成尺寸／寬27cm×高24cm×底寬12cm
難易度／❋❋❋

鵝黃色的底上印有如宮廷式華麗的裝飾外框，
紫玫瑰點綴在其中有著隨興的協調感。
布料花樣富含英式古典的維多利亞風格，
讓人感受到濃濃的異國風情。

甜蜜午茶袋中袋

完成尺寸／寬23cm×高18cm×底寬10cm
難易度／＊＊＊

＊ 想像置身在英國享受著悠閒的下午茶。
彩繪精細的瓷盤和可愛精緻的茶點擺滿桌面，
將這份甜蜜幸福的感覺保留在心中，
就能隨時擁有愉悅的心情。

✿ 維多利亞郵差包 Materials

裁布：

防水布
袋身	40×60cm	1片
拉鍊口布	32×5cm	4片
拉鍊頭尾片	6×2.8cm	2片
織帶裝飾條	40×3.5cm	2條
提把尾片	5×3.5cm	4片

素帆布
袋身（裡）	40×60cm	2片
拉鍊頭尾片	6×2.8cm	2片

其他配件：

5cm斜布條長85cm、30cm拉鍊1條、35cm拉鍊1條、3cm織帶長80cm、斜背織帶4尺、三角環2個、日型環1個、D型問號鉤2個、拉鍊皮片1個、兩側皮片2個、4cm滾邊條2碼。

※以上數字尺寸皆已含縫份。

✿ 甜蜜午茶袋中袋 Materials 紙型 D 面

裁布：

防水布
前口袋	紙型	2片
拉鍊口布	24×4cm	2片

素帆布
袋身（表）	紙型	2片
袋底	35×12cm	2片
↑特殊襯壓線	23×10cm	1片
拉鍊口布	24×4cm	2片

棉麻布
前口袋（裡）	紙型	2片
袋身（裡）	紙型	2片

其他配件：

30cm拉鍊1條、3cm織帶長100cm、4cm滾邊條1碼。

※以上紙型、數字尺寸皆已含縫份。

✿ 維多利亞郵差包 How To Make

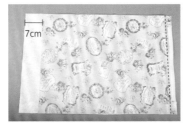

7cm

1 表、裡拉鍊頭尾片夾車30cm拉鍊兩端。

2 取表袋身及1片裡袋身，將表布下方7cm處裁下。表、裡夾車拉鍊，翻回正面後壓裝飾線固定。

3 將表袋身剛裁下的7cm布條車縫在另一邊的拉鍊。

4 翻到背面將裡袋身對折,與表袋身對齊。

5 在正面的拉鍊上方壓裝飾線,一起將裡袋身固定,製作成內口袋。

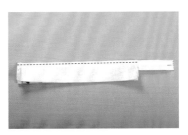

6 取2片拉鍊口布,兩側先折入1cm再夾車35cm拉鍊。

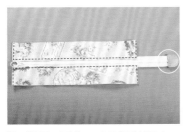

7 翻回正面後ㄇ字型壓線固定,同作法完成拉鍊另一邊。再將拉鍊尾端縫上皮片。

8 表袋身對折車縫兩側固定。

9 兩邊袋底打角10cm車縫。

10 另一片裡袋身依個人需求製作內口袋。對折車縫兩側後袋底打角,同表袋身作法。

11 表、裡袋身背面相對套合,袋口處擺上置中的拉鍊口布一起疏縫一圈固定。

12 再將袋口處車縫滾邊一圈。

13 完成斜背袋的製作。

14 織帶裝飾條左右折入0.5cm,置放在織帶上方,兩側車縫0.2cm固定。提把尾片上下折入0.5cm,對折車縫兩側。

完成

15 提把尾片翻回正面套入織帶兩端壓線0.2cm。織帶對齊袋身中心左右各7cm處車縫固定即完成。

甜蜜午茶袋中袋 How To Make

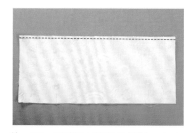

1 表、裡前口袋正面相對，上方
　車縫一道固定。

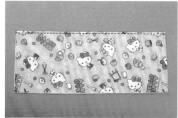

2 翻回正面壓裝飾線，完成2組。

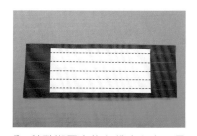

3 特殊襯置中放在袋底上方，長
　邊各間隔2cm一起壓線固定。

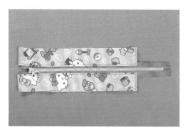

4 完成拉鍊口布的製作。

5 剪50cm織帶2條，依紙型位置
　車縫在袋身上。

6 前口袋放置在袋身上，依個人
　需求車縫分隔線。

7 前、後袋身與袋底車合，縫份
　倒向袋底，壓線0.5cm固定。

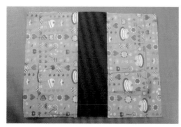

8 裡袋身依個人需求車縫內口
　袋。再同表袋身作法車縫袋底
　兩邊。

9 袋身對折，車縫兩側後打
　12cm底角。裡袋身相同作法
　車縫。

10 翻回正面，表、裡袋身背面相
　　對套合，拉鍊口布置中對齊袋
　　口處一起疏縫一圈固定。

完成

11 袋口處車縫滾邊後釘上皮標即
　　完成。

歐風花園夾層包

■ 完成尺寸／寬34cm×高24cm×底寬8.5cm
■ 難易度／❀❀❀

漫步在歐式風格的花園裡，艷紅的波斯菊和精緻框飾相互媲美點綴，
蝴蝶翩翩飛舞在其中，如同一幅浪漫唯美的畫作。
若身歷其境在此景色中，必會令人流連忘返不捨離去。

【內有拉鍊夾層和內口袋】

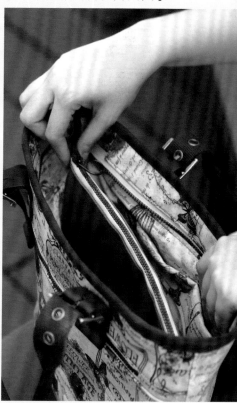

美式童遊斜背包

■ 完成尺寸／寬31cm×高27cm×底寬3cm
難易度／＊＊＊

＊ 天真活潑的男孩與女孩一起玩耍，
可愛的小兔子們和其他動物也來相伴，
大家開心的玩在一塊，共度單純又歡樂的時光。

⊗ 歐風花園夾層包 Materials 紙型 D 面

裁布：

防水布

袋身	紙型	2片
上貼邊	紙型	2片
拉鍊擋布	7×2.8cm	2片
拉鍊口布	27×4cm	2片

素帆布

夾層布	紙型	4片

棉麻布

袋身（裡）	紙型	2片
內裡布	紙型	2片
拉鍊擋布（裡）	7×2.8cm	2片
拉鍊口布（裡）	27×4cm	2片

其他配件：

25cm拉鍊2條、30cm拉鍊1條、拉鍊皮片1個、提把1組、4cm滾邊布2碼。

※以上紙型、數字尺寸皆已含縫份。

⊗ 美式童遊斜背包 Materials 紙型 D 面

裁布：

防水布

袋身	紙型	2片
拉鍊擋布	6×2.75cm	2片
拉鍊口布	26×4cm	4片
兩側掛耳	3×2.3cm	2片

素帆布

袋身（裡）	紙型	4片
拉鍊擋布（裡）	6×2.75cm	2片

其他配件：

15cm、25cm、30cm拉鍊各1條、拉鍊皮片1個、D型環2個、滾邊條1碼、斜背帶1組。

※以上紙型、數字尺寸皆已含縫份。

⊗ 歐風花園夾層包 How To Make

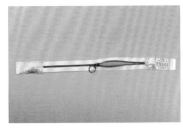

1 表、裡拉鍊擋布夾車拉鍊兩端，翻回正面後壓線固定。

2 表、裡袋身底部車縫打摺處。

3 取1片表、裡袋身依紙型裁開，下片夾車拉鍊。

4 上片同作法夾車另一邊拉鍊。

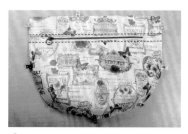

5 翻回正面壓裝飾線，表、裡對齊用強力夾暫固定。

6 取夾層布夾車拉鍊兩邊，翻回正面壓線固定。

7 將4片夾層對齊疏縫U字型。

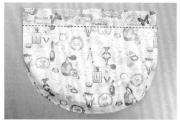

8 取上貼邊和內裡布相接車縫，縫份倒向裡布在正面壓線。完成兩片後再正面相對U字型夾車夾層。

9 將表、裡袋身反面相對套合，袋口處疏縫一圈固定。

10 完成拉鍊口布的製作。將口布置中對齊袋口中心，疏縫後滾邊一圈固定。

11 手縫固定上提把和拉鍊皮片後即完成。

完成

⑧ 美式童遊斜背包 How To Make

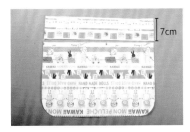

1 各取1片表、裡袋身，在袋口
下7cm處裁開。

2 取表、裡拉鍊擋布夾車25cm
拉鍊兩端，翻回正面壓裝飾線
固定。

3 裁開的表、裡袋身上下片夾車
拉鍊。

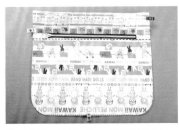

4 翻回正面先將下片壓線固定，
上片不壓線。

5 將袋身底部先車縫打摺處。再
取1片完整裡布放在袋身下方
並對齊，用強力夾暫固定。

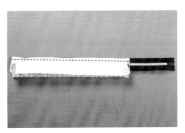

6 翻回正面，與上片拉鍊上方處
一同壓裝飾線固定。

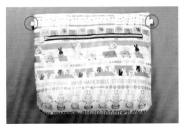

7 前、後表袋身正面相對，袋口
兩側下3cm處夾車套入D型環
的掛耳，U字型車縫後翻回正
面，組成包形。

8 裡袋身先依個人需求車縫內口
袋和底角，再將裡前、後片正
面相對，車縫U字型固定。

9 拉鍊口布兩端內折0.7cm夾車
拉鍊。

完成

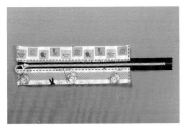

10 翻回正面後ㄇ字型壓線，完成
拉鍊口布製作。

11 表、裡袋身背面相對套合，將
拉鍊口布置中對齊袋口中心，
先一起疏縫再滾邊一圈固定。

12 手縫上拉鍊皮片，兩側D型環
扣入側背帶即完成。

NCC 縫紉世界第一品牌
New Creative Collection for LIFE

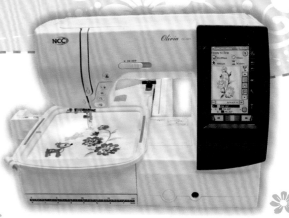

Olivia CC-1871
電腦刺繡縫紉機

貼心的設計與完美的操控特性

結合縫紉、拼布、刺繡的全方位功能
享受專業等級的縫紉樂趣~

快速更換的 LCD 螢幕裝飾面板

香檳金 珊瑚紅 水晶紫

隨機提供了三種顏色面板，搭配您的心情來做更換。

快速針板轉換

可快速更換所需的針板（直線或萬用針板）。只需輕輕一壓，針板會彈起並可取下。

集中式操控按鈕

包含手控停動按鈕、鎖縫按鈕、自動切線按鈕 ...等，讓操作更方便。

創新的縫紉功能，輕鬆成為縫紉達人

內建200種針趾花樣

200 種實用與裝飾性的針趾花樣，滿足縫紉方面的所有需求。

可精細調整的布料導引板

可利用刺繡手臂移動來精細調整布料導引板的位置，讓縫份車縫更精準。

針趾寬幅高達 9mm

車縫的針趾花樣比一般的縫紉機更寬，針趾更具體，花樣更美觀。

內建仿手縫功能

上線換成透明線，不必調整，即可自動車縫出仿手縫的效果

超強的刺繡功能，迅速成為刺繡高手

內建150種精美的刺繡花樣

多達150種刺繡花樣，而且花樣皆可編輯組合。

寬廣的刺繡面積

一次可刺繡最大面積為 170 X 200 mm。

內建USB插槽

內建1組USB插槽，可讀取儲存在USB媒體內 (如隨身碟) 的刺繡檔案。

螢幕設定刺繡編輯功能

可在螢幕上編輯繡花框尺寸、字母弧形排列、尺寸縮放、旋轉、群組及移動...等。

臺灣喜佳股份有限公司　喜佳縫紉精品 網址：http://www.cces.com.tw
客服專線：0800-050855　Simple Sewing 縫紉館 網址：http://www.simplesewing.com.tw

歡迎下載
請掃描我!

喜佳APP

給您最新、最快、最多的好康優惠訊息！

Part 3
魅力布雜貨

將喜愛的布料製作出生活中隨處可見的
各式小物，運用布雜貨散發出來的獨特魅力，
打造理想的風格，美化生活空間。

風尚雙開口手拿包

■ 完成尺寸／寬21cm×高15cm
■ 難易度／✱✱

✱暈染上藍色的純白玫瑰，有種滄桑的美感，
再染上黃色點綴，更添加幾分典雅高貴。
包款上下皆有拉鍊開口，外觀特別又不失實用性，
將會成為獨領風騷的新寵兒。

⊗ Materials 紙型 A 面

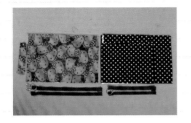

裁布：

防水布

| 袋身（表） | 紙型 | 2片 |
| D型環布 | 2×10cm | 1片 |

帆布

| 袋身（裡） | 紙型 | 2片 |
| 袋底口袋 | 17.5×13cm | 2片 |

其他配件：

12cm、20cm拉鍊各1條、D型環2個。

※以上紙型、數字尺寸皆已含縫份。

⊗ How To Make

1　表袋身依紙型記號位置車縫摺子固定。

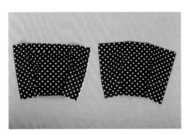

2　裡袋身的摺子與表袋身反方向車縫固定。

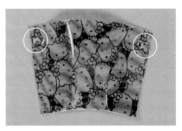

3　在袋身兩側上方下約2cm固定D型環。

4　表、裡袋身夾車拉鍊，縫份倒向防水布壓裝飾線。

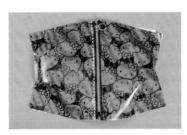

5　同作法完成拉鍊另一邊。

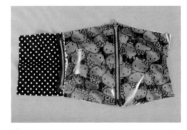

6　袋身打摺處和袋底口袋夾車12cm拉鍊，縫份倒向防水布壓裝飾線。

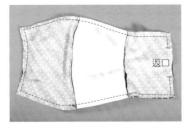

返口

7　拉鍊兩邊車好後依圖示拉至反面兩兩對齊，車縫固定並在口袋留一段返口。

8　翻回正面，返口藏針縫合後即完成。

完成

新潮卡夾零錢包

完成尺寸／寬10cm×高8cm×底寬3cm
難易度／ ✿ ✿

✿ 一手就能掌握的卡夾零錢包，小巧好拿不占用空間。
運用零碼布即可完成，不浪費多餘的布料，
將自己喜愛的布花樣物盡其用，送給親朋好友不失禮。

裁布：

防水布

袋身	紙型	1片
上蓋	紙型	1片
隔層	紙型	1片

帆布

袋身（裡）	紙型	1片（特殊襯）
上蓋（裡）	紙型	1片（特殊襯）
隔層（裡）	紙型	1片（硬襯）

其他配件：

五金夾片2個、壓釦1組、6mm雞眼釦1個。

※以上紙型皆已含縫份。

❀ How To Make

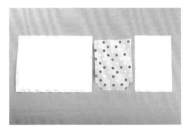

1　裡袋身和上蓋先與特殊襯壓線固定，裡隔層燙上硬襯。

2　每片的表、裡布分別正面相對車縫，留返口翻回正面壓0.5cm裝飾線。

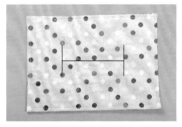

3　袋身依紙型中心記號標示在裡布上。

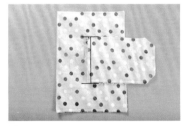

4　上蓋開口的完成線對齊袋身記號中心線。

5　再放上隔層，依紙型標示位置車縫兩道壓線固定。

6　在上蓋邊旁約1cm處釘上6mm雞眼釦為掛孔。

7　兩側折入後上下交接處中心用五金夾片固定。（用老虎鉗同布一起夾牢）

8　上蓋與袋身相對位置釘上壓釦組即完成。

完成

迷你掛鍊小包

完成尺寸／寬10cm×高5.5cm×底寬6cm
難易度／❊❊

❊將護唇膏、髮圈或鑰匙等隨身小物收納好，拿取方便。
掛鍊的樣式也會讓小朋友喜愛不已。

卡通化妝包組

完成尺寸／（Kitty）寬15cm×高9cm×底寬7.5cm
（雙子星）寬18cm×高9cm×底寬8cm

難易度／＊＊

＊ 可愛的 Kitty 和雙子星是許多人美好的童年記憶，
這些經典的卡通被永續傳承，不管到哪個世代，
都無法抗拒它的魅力。

⊛ Materials 紙型 Ⓑ 面

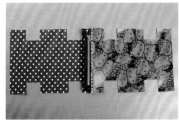

裁布：

掛鍊小包

防水布

| 袋身 | 紙型 | 1片 |
| 掛耳 | 2.3×4cm | 2片 |

帆布

| 袋身（裡） | 紙型 | 1片 |

其他配件：15cm拉鍊1條、滾邊條長40cm、珠鍊長15cm。

卡通化妝包組（Kitty）

防水布

| 袋身 | 紙型 | 1片 |
| 掛耳 | 2.3×4cm | 2片 |

帆布

| 袋身（裡） | 紙型 | 1片 |

其他配件：18cm拉鍊1條、滾邊條長50cm。

卡通化妝包組（雙子星）

防水布

| 袋身 | 紙型 | 1片 |

帆布

| 袋身（裡） | 紙型 | 1片 |

其他配件：23cm拉鍊1條、滾邊條長50cm、3cm長布標2條、皮標1個。

※以上紙型、數字尺寸皆已含縫份。

⊛ 掛鍊小包 How To Make

1　掛耳長邊置中內折，正面兩側壓線0.2cm固定。

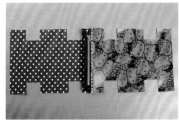

2　表、裡袋身夾車拉鍊，翻回正面壓線。

3　同作法夾車另一邊拉鍊，翻回正面後形成圈狀。

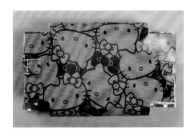

4　掛耳置中在袋身兩側固定。

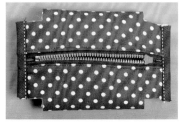

5　翻到裡布，兩側先對齊疏縫後再滾邊固定。

6　車縫袋底打角後滾邊。

7　另一側的作法相同，完成4個打角。

8　翻回正面，在一邊的掛耳掛上珠鍊即完成。

完成

※卡通化妝包組作法皆同拉鍊小包。

經典布夾包組

完成尺寸／寬12cm×高10cm
難易度／❀❀

❀ 可愛又經典的卡通圖案布花樣製作成布夾，討喜又好看。
裁剪一塊布加上滾邊處理即可一體成型。
外出時不可或缺的防水布夾，一定要擁有一個。

❀Materials 紙型 Ⓑ 面

裁布：

防水布
袋身　　12×89cm　　1片
共12、15、20cm三個尺寸大小。

※皆有附修剪的袋蓋弧度在紙型內。

其他配件：

10cm拉鍊1條（15尺寸12cm，
20尺寸18cm）、壓釦1組、滾
邊條長約50cm。

※以上數字尺寸已含縫份。

❀How To Make

17	9.5	9.5	11	18	24

1　依圖示尺寸在袋身上畫出標示線條。

2　先將袋身對折。

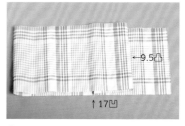

←9.5凸

↑17凹

3　依圖示順序17凹→9.5凸對折。

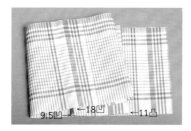

9.5凹→　←18凹　　←11凸

4　再9.5凹→11凸→18凹對折。

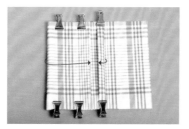

5　折好的最上方第一層對折，折線對齊17凹的對折位置。再將11凸對折，折線對齊9.5凸的對折位置，形成圖示。

6　抓起9.5凸先壓一道線固定，不要壓到下面的布。

7 回到步驟5的示意圖，將拉鍊置放在18凹的折線下，抓起壓線一道。

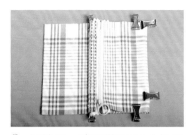

8 拉鍊另一邊置放在11凸折線下，抓起壓縫兩道線固定。

9 開口位置畫出尺寸相對應的弧度並修剪。

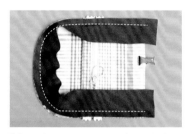

10 袋身依圖示U字型車縫滾邊，滾邊頭尾需多留1.5cm。

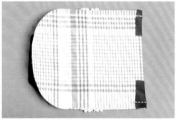

11 多留的滾邊長度折至背面固定。

12 將另一邊滾邊布包入車縫，可夾入布標一起固定。

13 釘上壓釦即完成。

完成

布丁環保餐具套

■ 完成尺寸／寬27cm×高7cm
■ 難易度／✽✽

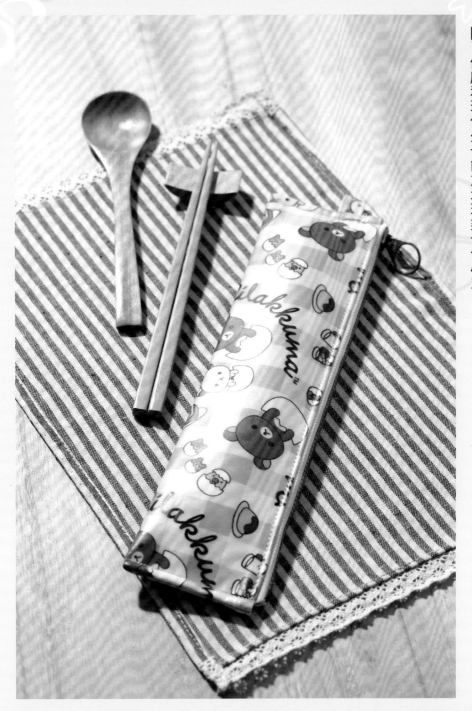

✽
淡黃的色彩搭配雞蛋的可愛圖案像是可口的布丁。
讓你用餐時能想起使用心愛的餐具套，
除了健康和環保外也能為地球盡一份心力。

Materials

裁布：

防水布

袋身	28×15cm	1片
掛耳	2.3×3cm	1片

尼龍布

袋身（裡）	28×15cm	1片

其他配件：

25cm拉鍊1條、D型環1個。

※以上數字尺寸已含縫份。

How To Make

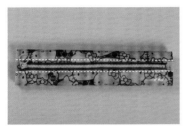

1　表、裡布袋身夾車拉鍊，拉鍊頭尾端內折，翻回正面壓裝飾線。

2　翻到背面，左右兩側車縫0.5cm接合，掛耳套入D型環夾入其一側一起固定。

3　翻回正面後左右兩側各壓0.7cm固定，把縫份包住即完成。

完成

曼妙鉛筆袋

完成尺寸／寬25cm×高5cm×底寬8cm
難易度／＊＊

＊ 滑鼠造型的筆袋，擁有令人羨慕的腰線弧度，彷彿一位身材曼妙的女子。此筆袋符合人體工學，方便手握拿取，立體度使容量更大，外觀獨特且實用。

❀ Materials 紙型 B面

裁布：（大）（中）

防水布

袋身	紙型	1片（厚襯2片）
拉鍊口布	紙型	2片（厚襯4片）
掛耳	2.3×3.5cm	2片

帆布

袋身（裡）	紙型	1片
拉鍊口布（裡）	紙型	2片

其他配件：
23cm拉鍊1條、滾邊條約1碼。

※以上紙型、數字尺寸皆已含縫份。

❀ How To Make

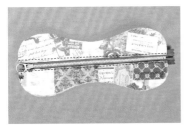  

1 表、裡拉鍊口布夾車拉鍊，翻回正面壓線固定，另一邊拉鍊作法相同。

2 表、裡袋身背面相對疏縫一圈，掛耳對折先在兩側中心處固定。

3 袋身與拉鍊口布中心、兩側對齊，車合固定後縫份處再滾邊一圈。

完成

4 翻回正面即完成。

貼身手機袋

完成尺寸／寬9cm×高14cm
難易度／❋❋

❋ 在這智慧手機不離身的世代，需要外包裝保護精密的科技產物。
拉鍊式的防水手機袋，可以滴水不露的防護手機，
讓你重要的資料不會輕易損壞。

出遊水壺袋

完成尺寸／寬12cm×高23cm×底寬5cm
難易度／✽✽

✽外出遊玩時要攜帶水壺隨時補充流失的水分，讓玩樂更盡興。
拉鍊式的防水水壺袋，手提方便，也能幫水壺穿上一層好看的外衣。

❀ Materials 紙型 Ⓐ 面

裁布：

手機袋

防水布

袋身	11×15cm	2片
掛耳	2.3×3cm	1片
尾擋布	紙型	1片

尼龍布

袋身（裡）	11×15cm	2片（舖棉）

其他配件：12cm拉鍊1條、D型環1個。

水壺袋

防水布

袋身	15×53cm	1片
掛耳	2.3×3cm	2片

尼龍布

袋身（裡）	15×53cm	1片（舖棉）

其他配件：15cm拉鍊1條、拉鍊皮片1片、D型環2個、提把1組。

※以上紙型、數字尺寸皆已含縫份。

❀ 手機袋 How To Make

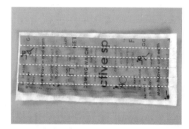

1　裡袋身舖棉壓線，裁剪所需的尺寸，完成2片。

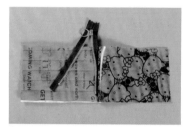

2　表、裡袋身夾車拉鍊，頭尾距離2cm為拉鍊止點，車到尾端止點時將拉鍊下拉，布繼續車至底。

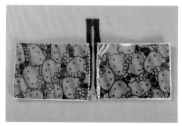

3　翻回正面壓線，同作法完成另一邊拉鍊。

4　表袋身正面相對車縫0.5cm⊔字型接合，其一側連同掛耳套入D型環一起夾車固定。

5　翻回正面，車縫0.7cm⊔字型壓線。

6　拉鍊尾端車上尾擋布，在擋布正面壓線一圈即完成。

完成

※水壺袋作法同手機袋。

Part 4
口袋車縫技法

收錄各式口袋車縫技法，
讓包款具有更多收納功能和空間，
也可以運用在外觀上做變化，
是手作者必學的實用技法之一。

拉鍊式口袋

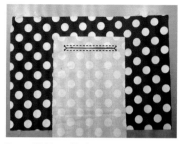

1 取拉鍊口袋布與袋身，依所需的拉鍊長度畫外框線並沿線車縫固定，框內中心剪開一道，兩端各留約1cm開叉剪Y字型。

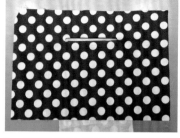

2 拉鍊口袋布翻至袋身背面並將開口處整燙平整。

3 背面示意圖。

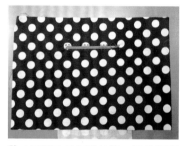

4 在開口處放置拉鍊，沿外框臨邊線車縫一圈固定。

5 車上拉鍊背面示意圖。

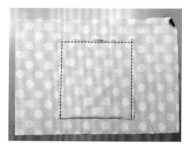

6 將拉鍊口袋布對折，依圖示車縫ㄇ字型固定即完成。

開放式口袋

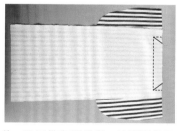

1 取口袋布與袋身，依所需的口袋長度與開口大小依圖示畫外框線並沿線車縫固定，框內兩端剪斜角。

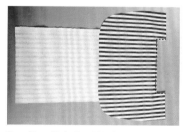

2 將口袋布翻到袋身背面，整燙好後沿臨邊壓線固定。

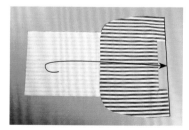

3 將口袋布對折，對齊至袋身袋口處，再將口袋布車縫兩側固定即完成。

❀ 袋蓋式外口袋

1 取口袋布與袋身，依所需的開口長度畫出外框線並沿線車縫固定。

2 框內距離上方0.1cm剪開一道，兩端各留約1cm開叉剪Y字型。

3 口袋布翻至背面，下方口袋布往上推至距離上方0.1cm處。再沿外框壓線一圈固定。

4 背面示意圖。

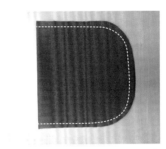

5 取2片袋蓋正面相對，車縫U字型後在弧度處剪牙口。

6 翻回正面，壓線固定。上方向下2cm處畫記號線。

7 將袋蓋置入立式口袋上方，並蓋住畫線記號固定。

8 口袋往上翻，依圖示壓線一道固定。

9 翻至背面，將口袋布對折，依圖示車縫固定。

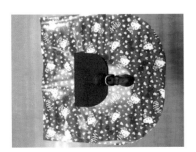

10 在袋蓋和袋身的相對位置縫上皮飾釦即完成。

✿ 鬆緊帶側口袋

1 將口袋對折車縫一道固定。

2 翻回正面,接縫處用強力夾固定,折雙處壓線一道。

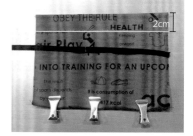

2cm

3 取鬆緊帶比對口袋寬三分之二處畫上記號,口袋下2cm處畫出車縫線。

4 鬆緊帶夾入口袋車縫線內,一端先固定住。

5 另一端將布推至鬆緊帶記號線處固定。

6 將鬆緊帶拉緊後沿線車縫。

7 車好鬆緊帶的皺褶示意圖。

8 剪掉多出的鬆緊帶。

9 口袋兩側車縫固定在側身。

10 口袋底部打摺,摺份平均往外倒後壓線一道即完成。

立體出芽拉鍊外口袋

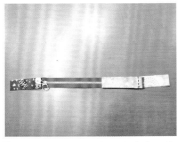

1 拉鍊頭尾端夾車拉鍊擋布，翻回正面後壓線固定。

2 口袋上片夾車拉鍊。

3 口袋下片夾車另一邊拉鍊。

4 翻回正面，下片壓線一道固定，上片暫不壓線。

5 袋底打角後翻至背面，與口袋裡布正面相對，並用強力夾固定。

6 翻回正面後上片壓線一道，連同裡口袋一起固定。

7 背面示意圖。

8 取3cm寬滾邊條包覆皮繩，頂端處內折收毛邊。

9 用單邊壓腳沿皮繩車縫，尾端留一段不車。

10 出芽條沿著口袋外圍對齊車縫，將尾端皮繩剪至記號點，再修剪滾邊條比皮繩多出1cm。

11 尾端滾邊條內折收邊後，繼續車縫完成。

立式口袋

1 取口袋布與袋身,依所需的開口長度畫出外框線並沿線車縫固定。

2 框內距離上方0.1cm剪開一道,兩端各留約1cm開叉剪Y字型。

3 口袋布翻至背面,下方口袋布往上推,距離上方0.1cm處填上開口。

4 背面示意圖。

5 沿外框的臨邊線車縫一圈。

6 將口袋布對折,依圖示車縫固定即完成。

雙唇口袋

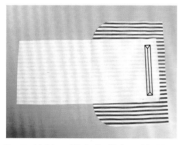

1 取拉鍊口袋布與袋身,依所需的拉鍊長度畫出外框線並沿線車縫固定,框內中心剪開一道,兩端各留約1cm開叉剪Y字型,中心剪開的兩側各修剪0.1cm。

2 口袋布翻至背面,燙出開口,再將上下方口袋布平均推出填住開口,沿外框的臨邊線車縫一圈固定。

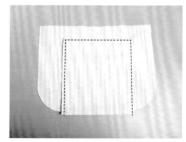

3 將口袋布對折,依圖示車縫ㄇ字型固定即完成。

袋口機縫式滾邊

1 表布朝上，滾邊條放在下並與布邊對齊。

2 滾邊條先預留約15cm再開始起針車縫，頭尾端都先預留一段不車。

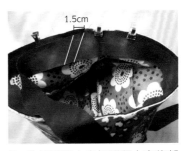

3 先使用強力夾把預留未車的部分重疊，並在交界處做記號，再多留1.5cm的縫份。

4 縫份處依起頭的布邊斜度裁剪。

5 先把兩端滾邊條相對接起來，車縫0.7cm。

6 將縫份燙開後繼續車縫固定在袋口處。

7 滾邊條對折兩次，折到蓋住袋身正面的車縫線，用強力夾暫固定。

8 在正面折線上車縫0.2cm一圈固定。

9 車縫線會剛好壓線在裡面滾邊的0.2cm處即完成。

國家圖書館出版品預行編目（CIP）資料

超Match! 防水布與帆布の創意組合包/ 郭珍燕作. -- 初版. --
新北市 : 飛天, 2014.10
　　面；　公分. --（玩布生活；13）
ISBN 978-986-91094-0-6（平裝）

1.手提袋　　2.手工藝

426.7　　　　　　　　　　　　　103018654

玩布生活13

超Match! 防水布與帆布の創意組合包

作　　　者／郭珍燕
總　編　輯／彭文富
執行編輯／潘人鳳
美編設計／曾瓊慧
攝　　　影／林宗億
紙型繪圖／菩薩蠻數位文化
出　　　版／飛天出版社
地　　　址／新北市中和區中山路2段530號6樓之1
電　　　話／(02) 2222-7270
傳　　　真／(02) 2222-1270
網　　　站／http://cottonlife.pixnet.net/blog
E-mail／cottonlife.service@gmail.com
Facebook／https://www.facebook.com/cottonlife.club
■發行人／彭文富
■劃撥帳號／50141907　　　　■戶名／飛天出版社
■總經銷／時報文化出版企業股份有限公司
■倉庫／桃園縣龜山鄉萬壽路二段351號
■電話／(02)2306-6842
初版2刷／2015年9月
定價：300元
ISBN／978-986-91094-0-6